Benny Roob

Grundlagen empirischer Forschung

Planung einer empirischen Untersuchung, Nutzen der kumulierten Häufigkeit, Spannweite, Spannenmitte, arithmetischer Mittelwert, Standardabweichung, Variationskoeffizient

GRIN Verlag

Bibliografische Information der Deutschen Nationalbibliothek:

Die Deutsche Bibliothek verzeichnet diese Publikation in der Deutschen National-
bibliografie; detaillierte bibliografische Daten sind im Internet über http://dnb.d-
nb.de/ abrufbar.

Impressum:

Copyright © 2009 GRIN Verlag GmbH
Druck und Bindung: Books on Demand GmbH, Norderstedt Germany
ISBN: 978-3-640-55792-9

Dieses Buch bei GRIN:

http://www.grin.com/de/e-book/145443/grundlagen-empirischer-forschung

Grundlagen empirischer Forschung

Hausarbeit

Benny Roob

Inhaltsverzeichnis

1 Einleitung

Im Rahmen des Studiums „Master of Public Administration" beschäftigt sich der Verfasser in dieser Hausarbeit mit den an ihn gestellten Fragen im Wahlangebot „Grundlagen der empirischen Forschung". In der ersten Frage nennt und erläutert der Verfasser die wesentlichen Schritte zur Durchführung einer empirischen Untersuchung. In der zweiten Frage wird der Nutzen der Darstellung der kumulierten Häufigkeit aus der Sicht der empirischen Forschung beurteilt. Im dritten Teil führt der Verfasser an Hand einer gestellten Aufgabe mathematische Statistikberechnungen unter Inanspruchnahme des Tabellenkalkulationsprogrammes MS- Excel durch, beschreibt die Vorgehensweise und kommentiert die Ergebnisse.

2 Aufgabe 1: Welche wesentlichen Schritte gehören zur Planung einer empirischen Untersuchung?

Die empirische Sozialforschung beschäftigt sich mit drei Grundfragen:

1. Was soll erfasst werden?
2. Warum soll erfasst werden?
3. Wie soll erfasst werden?

Zur Lösung dieser Fragen existieren Forschungsprozesse bzw. empirische Untersuchungen. Diese Untersuchungen sind in die Phasen Planung, Durchführung und Auswertung gegliedert[1]. Der Verfasser beschäftigt sich in dieser Aufgabe mit den wesentlichen Schritten der Planungsphase. Diese lässt sich grob in die Formulierung und Präzisierung des Forschungsproblems und die Planung und Vorbereitung der Erhebung unterteilen.

2.1 Formulierung und Präzisierung des Forschungsproblems

Die erste zu treffende Entscheidung ist die Auswahl und die Formulierung des zu untersuchenden Problems. Es ist von Vorteil ein klares Forschungsproblem zu definieren und unbedingt notwendig, die Ziele des Vorhabens präzise zu beschreiben. Die Hauptfrage zu Beginn eines Projektes lautet: „Was genau möchte ich wissen?"[2] Im Anschluss folgt eine Begründung der Auswahl. Forschungsprobleme können durch den Forscher selbst initiiert werden oder es handelt sich um Auftragsforschung. Begründungen für beide Varianten

---

[1] Vgl. Attesländer, P.: Methoden der empirischen Sozialforschung, 12. Aufl., Erich Schmidt Verlag, Berlin, 2008.

[2] Diekmann, A.: Empirische Sozialforschung: Grundlagen, Methoden, Anwendungen, 18. Aufl., Rowohlt Taschenbuch Verlag, Reinbek, 2007, S. 187.

könnten technischer, ökonomischer, juristischer oder sozialwissenschaftlicher Natur sein, mit der Zielsetzung einer inhaltlichen Produkt- oder Verfahrensverbesserung. Projekte mit Problemstellungen von geringer Bedeutung oder nicht-lösbaren Fragestellungen sind wenig erfolgversprechend. Anschließend erfolgt eine umfangreiche Literaturauswertung, wodurch das Problem in die fachlichen Zusammenhänge eingeordnet wird. In diesem Stadium werden auch mit der Untersuchung verbundene Hypothesen formuliert und begründet.

2.2 Planung und Vorbereitung der Erhebung

Da die meisten Theorien nicht exakt definierte Begriffe enthalten, müssen diese Begriffe vorab präzisiert werden. Diese theoretischen Klärungen werden als Konzeptspezifikation bezeichnet. Nach diesem Schritt folgt die Zuordnung beobachtbarer Sachverhalte zu den theoretischen Begriffen und Konstrukten, um Messungen zu ermöglichen. Dieser Schritt heißt Operationalisierung und beinhaltet Anweisungen über die Durchführung von Messungen für einen bestimmten Sachverhalt. Durch die Messungen können Aussagen über die Sachverhalte und auch über eine erste Akzeptanz bzw. Ablehnung der Grundtheorie getroffen werden. Sinnvolle Messinstrumente und dazugehörige Skalen werden in dieser Phase ausgesucht, in der Sozialwissenschaft meistens Fragebögen oder Beobachtungskategorien. Anschließend werden Pretests (Voruntersuchungen) durchgeführt, um die Untersuchungsmethoden zu überprüfen. Nach der Operationalisierung folgt die Wahl der dazugehörigen Untersuchungsform, dem sogenannten Design. Dazu gehören Entscheidungen über die Anzahl der Messzeitpunkte, Untersuchungsebenen, usw. Die zur Verfügung stehenden finanziellen Mittel spielen bei diesen Entscheidungen eine große Rolle. Der letzte Schritt vor der eigentlichen Datenerhebung ist die Auswahl der Untersuchungsobjekte. Es können alle Elemente (Beispiel Volkszählung) eines Gegenstandsbereiches oder nur einige ausgewählte (repräsentative Gruppe) betrachtet werden. Dazu müssen der Gegenstandsbereich exakt definiert und alle Elemente aufgelistet werden. Danach kann, durch ein Auswahlverfahren, die repräsentative Gruppe betrachtet werden. Dieser Vorgang nimmt mitunter viel Zeit in Anspruch. Im Anschluss an die Vorbereitung würde die Durchführung folgen. Die folgende Grafik (nach Schnell/Hill/Esser) soll die Vorbereitungsphase vereinfacht darstellen[3].

---

[3] Vgl. Schnell, R., Hill, P., Esser, E.: Methoden der empirischen Sozialforschung, 7. Aufl., Oldenbourg Verlag, München, Wien, 2005.

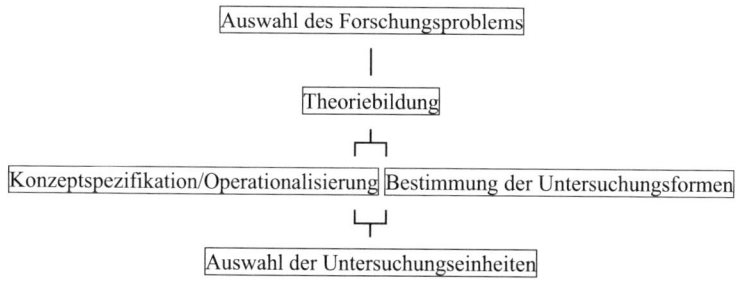

Auswahl des Forschungsproblems

Theoriebildung

Konzeptspezifikation/Operationalisierung — Bestimmung der Untersuchungsformen

Auswahl der Untersuchungseinheiten

3 Aufgabe 2: Welchen Nutzen hat die Darstellung der kumulierten Häufigkeit?

Die kumulierte Häufigkeit, auch Summenhäufigkeit genannt, ist ein Maß der deskriptiven Statistik. Sie gibt an, bei wie vielen Fällen in einem Datensatz in einer empirischen Untersuchung die Merkmalsausprägung kleiner oder gleich ist wie eine bestimmte Schranke. Die kumulierte Häufigkeit ist die Summe der Häufigkeiten der Merkmalsausprägungen von der kleinsten Ausprägung bis hin zu der jeweils betrachteten Schranke. Wird die Anzahl der Fälle angegeben, handelt es sich um die absolute kumulierte Häufigkeit. Meist wird jedoch der Anteil bzw. der Prozentwert der Fälle angegeben. In diesem Kontext spricht man von der relativen kumulierten Häufigkeit[4]Eine Aufgabe, die unter Inanspruchnahme der kumulierten Häufigkeit lösbar ist, ist die Frage nach der Anzahl der Schulnoten nicht schlechter als 3 in einer Klassenarbeit. Hier würden die Häufigkeiten aller Einsen, Zweien und Dreien zusammengezählt und aufsummiert werden, um die kumulierte Häufigkeit des Merkmals Schulnote bis zur oberen Grenze Drei zu errechnen. Die kumulierte Häufigkeit dient der Auswertung und Darstellung solcher Sachverhalte, z.B. in Diagrammen und ist für Statistiker von Bedeutung. Auf die öffentliche Verwaltung bezogen, wäre sie eine Kenngröße für Controller. Die kumulierte Häufigkeit ist leicht interpretierbar und auch für Laien verständlich. Neben ihrer hohen Aussagekraft ist sie auf sämtliche absolute Häufigkeiten anwendbar. Der Vorteil hierbei ist, dass die Grenze beliebig definiert werden kann.

---

[4] Internet-Lexikon der Methoden der empirischen Sozialforschung,
URL: http://www.lrz-muenchen.de/~wlm/ilm_h8.htm, Abruf: 03.12.2009.

4 Aufgabe 3: Es werden folgende Preise für 1 kg schwedische Meloeke beobachtet (in EUR): 2,29; 2,99; 2,49; 2,59; 1,99 Wie groß sind Spannweite, Spannenmitte, arithmetischer Mittelwert, Standardabweichung und der Variationskoeffizient? Berechnen Sie die Werte mit einem Tabellenkalkulationsprogramm (Tabelle einfügen), beschreiben Sie Ihr Vorgehen stichwortartig und kommentieren Sie die Ergebnisse kurz.

lfd. Nr.	Preis EUR	Kennwerte	Kenngrößen
1	2,29	2,99	MAX
2	2,99	1,99	MIN
3	2,49	1	Spannweite
4	2,59	2,49	Spannenmitte
5	1,99	2,47	MITTELWERT
		0,3701351	STABW
		0,1498523	Variationskoeffizient (C7 - C6)

- Beobachtungswerte in eine Excel- Tabelle eingeben (hier Spalte B)
- eine Ordnung der Werte ist nicht erforderlich

4.1 Spannweite
- mit der Funktion MAX den größten Wert abfragen: (hier C2) 2,99
- mit der Funktion MIN den kleinsten Wert abfragen: (hier C3) 1,99
- den MIN- Wert vom MAX- Wert subtrahieren: (hier C4) 1
- also die Spannweite beträgt 1

Die Spannweite ist die Differenz des Maximal- und des Minimumwertes einer Beobachtungsmenge. Der Informationsgehalt des Ergebnisses ist niedrig, da es sich um den Abstand zweier Werte aus allen insgesamt vorliegenden Werten handelt und die Spannweite stark durch Ausreißer beeinflusst wird. Die Spannweite gibt keine Auskunft über die Verteilung von Ausreißern[5]. Gibt es nur einen Ausreißer, so wird dieser entweder als größter oder als kleinster Wert in die Berechnung der Spannweite eingehen, gibt es jedoch Ausreißer an beiden Enden, so wird die Spannweite nur noch durch die Ausreißer bestimmt. Als

---

[5] Vgl. Kühnel, S., Krebs, D.: Statistik für die Sozialwissenschaften: Grundlagen, Methoden, Anwendungen, 4. Aufl., Rowohlt Taschenbuch Verlag, Reinbek, 2007.

Beispiel dazu: Der einzige befragte Millionär in einer Einkommenserhebung wird die Spannweite des Merkmals „Einkommen" erheblich vergrößern[6].

4.2 Spannenmitte

- den MIN- Wert (hier C3) mit der Hälfte der Spannweite (hier C4/2) über die Funktion SUMME addieren: (hier C5) 2,49

- also die Spannenmitte beträgt 2,49

Die Spannenmitte ist, ohne im Zusammenhang mit anderen Kenngrößen gesehen, nicht besonders aussagekräftig, da sie das Ergebnis einer Addition bzw. Subtraktion der halbierten Spannweite mit dem Minimum- bzw. Maximalwert ist. Ebenso wie bei der Spannweite besteht die Ausreißerproblematik. Im vorliegenden Beispiel ist die Streuung der Werte gering, daher könnte die Spannenmitte als Vergleichswert herangezogen werden.

4.3 arithmetischer Mittelwert

- Mittelwert mit der Funktion MITTELWERT abfragen: (hier C6) 2,47

- also der arithmetische Mittelwert beträgt 2,47

Der arithmetische Mittelwert ist das wohl bekannteste statistische Lagemaß. Dieser „Durchschnittswert" wird von allen beobachteten Messwerten gleichermaßen beeinflusst und reagiert daher empfindlich auf Ausreißer[7]. Weiterhin muss die Streuung beachtet werden, um Fehlinterpretationen vorzubeugen. Das o.g. Beispiel der Einkommenserhebung zeigt, dass bei mehreren Dutzend Normalverdienern ein befragter Millionär den Durchschnittsverdienst nicht unerheblich erhöht[8]. Bei der vorliegenden Aufgabenstellung ist festzustellen, dass der Mittelwert und die Spannenmitte annähernd gleich sind.

4.4 Standardabweichung

- Standardabweichung mit der Funktion STABW abfragen: (hier C7) 0,37 (gerundet)

- also die Standardabweichung beträgt 0,37

Die Standardabweichung ist eines der mit Abstand gebräuchlichsten und aussagekräftigsten Streuungsmaße, da sie die Variabilität der Messwerte misst und diese in einem gut

---

[6] Vgl. Reinboth, C.: Multivariate Analyseverfahren in der Marktforschung, LuLu-Verlagsgruppe, Morrisville, 2006.

[7] Vgl. Clauß, G., Finze, F.-R., Partzsch, L.: Statistik für Soziologen, Pädagogen, Psychologen und Mediziner, Band 1 Grundlagen, Verlag Harri Deutsch, 2. Aufl., Frankfurt am Main, 1995.

[8] Vgl. Reinboth, C.: a.a.O.

interpretierbaren Wert wiedergibt[9]. Es werden die Informationen sämtlicher Messwerte, auch die der Ausreißer, ausgeschöpft[10]. Die Streuung, die als durchschnittliche Abweichung bezeichnet werden kann, weicht in der vorliegenden Aufgabe um 0,37 € vom Mittelwert ab.

4.5 Variationskoeffizient

- einfache Division STABW und MITTELWERT: (hier C7 geteilt durch C6) 0,15 bzw. 15 % (gerundet)
- also der Variationskoeffizient beträgt 0,15 bzw. 15 %

Wird die Standardabweichung in Beziehung zu dem Mittelwert gesetzt, erhält man den Variationskoeffizienten. Im Gegensatz zur Standardabweichung ist dieser eine dimensionslose Größe und unempfindlich gegenüber proportionaler Transformation[11]. Daher dient der Variationskoeffizient zum besseren Vergleich von Streuungen und wird häufig in Prozent angegeben.

---

[9] Vgl. Attesländer, P.: a.a.O.

[10] Vgl. Diekmann, A.: Empirische Sozialforschung: Grundlagen, Methoden, Anwendungen, 18. Aufl., Rowohlt Taschenbuch Verlag, Reinbek, 2007.

[11] Vgl. ebd.

Quellenverzeichnis

Atteslländer, P.: Methoden der empirischen Sozialforschung, 12. Aufl., Erich Schmidt Verlag, Berlin, 2008.

Clauß, G., Finze, F.-R., Partzsch, L.: Statistik für Soziologen, Pädagogen, Psychologen und Mediziner, Band 1 Grundlagen, Verlag Harri Deutsch, 2. Aufl., Frankfurt am Main, 1995.

Diekmann, A.: Empirische Sozialforschung: Grundlagen, Methoden, Anwendungen, 18. Aufl., Rowohlt Taschenbuch Verlag, Reinbek, 2007.

Kühnel, S., Krebs, D.: Statistik für die Sozialwissenschaften: Grundlagen, Methoden, Anwendungen, 4. Aufl., Rowohlt Taschenbuch Verlag, Reinbek, 2007.

Reinboth, C.: Multivariate Analyseverfahren in der Marktforschung, LuLu-Verlagsgruppe, Morrisville, 2006.

Schnell, R., Hill, P., Esser, E.: Methoden der empirischen Sozialforschung, 7. Aufl., Oldenbourg Verlag, München, Wien, 2005.

Internet-Lexikon der Methoden der empirischen Sozialforschung, URL: http://www.lrz-muenchen.de/~wlm/ilm_h8.htm, Abruf: 03.12.2009.